# 目　次

# 前　言

本部分依据 GB/T 1.1—2009《标准化工作导则　第 1 部分：标准的结构和编写》给出的规则起草。

NB/T 25044《核电厂常规岛及辅助配套设施建设施工质量验收规程》分为 8 个部分：

——第 1 部分：土建；

——第 2 部分：汽轮发电机组；

——第 3 部分：循环水系统设备；

——第 4 部分：热工仪表及控制装置；

——第 5 部分：水处理及制氢系统；

——第 6 部分：管道；

——第 7 部分：采暖通风与空气调节；

——第 8 部分：保温及油漆。

本部分是 NB/T 25044 的第 8 部分。

本部分由中国电力企业联合会提出并归口。

本部分主要起草单位：中广核工程有限公司、深圳中广核工程设计有限公司。

本部分参与起草单位：中国能源建设集团天津电力建设有限公司、中国能源建设集团浙江省火电建设有限公司、中国核工业第二建设有限公司。

本部分主要起草人：解官道、肖于勋、周凯、刘晓轩、张全、高用峰、蒋丰平、李斌、李巨峰、武美峰。

本标准在执行过程中的意见或建议反馈至中国电力企业联合会标准化管理中心（北京市白广路二条一号，邮编：100761）。

ICS 27.100
F 20
备案号：55644-2016

# 中华人民共和国能源行业标准

NB／T 25044.8 — 2016

## 核电厂常规岛及辅助配套设施
## 建设施工质量验收规程
## 第 8 部分：保温及油漆

Code for construction quality acceptance of nuclear power
conventional island and balance of plant
Part 8：Thermal insulation and painting

2016-08-16发布

2016-12-01实施

国家能源局　　发　布

# 核电厂常规岛及辅助配套设施建设施工质量验收规程
# 第8部分：保温及油漆

## 1 范围

本部分规定了核电厂常规岛及辅助配套设施保温及油漆的施工质量验收标准。

本部分适用于新建、扩建和改建的单机容量为 600MW 及以上的核电厂常规岛及辅助配套设施保温及油漆施工质量验收。600MW 以下核电厂常规岛及辅助配套设施保温及油漆的施工质量验收，也可参照执行。

本部分不适用于通风空调设备及管道保冷，以及土建金属结构件、直埋管道等防腐施工质量验收。

## 2 规范性引用文件

下列文件对于本文件的应用是必不可少的。凡是注日期的引用文件，仅注日期的版本适用于本文件。凡是不注日期的引用文件，其最新版本（包括所有的修改单）适用于本文件。

GB/T 17393　覆盖奥氏体不锈钢用绝热材料规范

NB/T 20122　核电工程施工质量验收及交工验收管理规定

NB/T 20123　核电工程分部分项划分规定

NB/T 25043.8　核电厂常规岛及辅助配套设施建设施工技术规范 第8部分：保温及油漆

## 3 总则

3.1　为加强核电建设工程质量管理，提高施工质量水平，统一核电厂常规岛及辅助配套设施保温及油漆施工质量验收标准，特制定本部分。

3.2　保温及油漆的施工及验收，应按设计及制造单位的有效技术文件执行，无明确规定时，按 NB/T 25043.8 及本部分规定执行。

3.3　分项、分部及单位工程的划分应按 NB/T 20123 的规定执行。

3.4　质量计划宜以一个系统或一套设备为对象，涵盖施工各项作业活动。质量计划一般包括若干工序，每个工序宜对应一个检验批；每个分项工程宜对应一个质量计划。

3.5　核电厂常规岛及辅助配套设施施工质量验收应按检验批、分项、分部及单位工程进行，施工质量验收结果只设合格质量等级，当出现不符合项时应按本部分 4.1.14 的规定执行。

## 4 施工质量验收

### 4.1 施工质量验收规定

4.1.1　核电厂常规岛及辅助配套设施保温及油漆的施工质量应按本部分和 NB/T 20122 的规定检查、验收，并办理验收签证。

4.1.2　施工质量的检查、验收应由施工单位根据所承担的工程范围，按本章的规定编制施工质量验收范围划分表，经建设（或监理）单位审批确认后执行。

4.1.3　工程总承包或其他项目管理模式的工程项目，施工质量验收范围划分表（见表 1）中"验收单位"栏可由建设（或监理）单位根据实际情况增加验收单位。"验收单位"栏中设计单位与设备制造单位参加质量验收的项目可由建设（或监理）单位根据实际情况调整。

4.1.4 施工质量验收范围划分表中的工程名称、工程编号可根据实际情况调整。

4.1.5 施工质量验收应由施工质量验收范围划分表中规定的验收单位参加。检验批、分项工程、分部工程、单位工程的验收，应由建设（或监理）单位组织，相关单位参加。

4.1.6 设计单位和制造单位应按施工质量验收范围划分表中的规定参加相关项目验收。

4.1.7 质量验收人员应持有与所验收专业一致的有效资格证书。

4.1.8 各级质检人员进行工程质量检查、验收应严格执行相关规定，并对验收结果及记录的真实性负责。

4.1.9 施工检验项目施工完毕方可进行质量验收；施工单位应首先完成质量检查，合格后方可报建设（或监理）单位进行质量验收。

4.1.10 隐蔽工程应设停工待检点（H 点），在隐蔽前由施工单位通知建设（或监理）单位进行检查验收，并应完成验收记录及签证。如有必要，应通知相关单位参加。

4.1.11 工程施工质量的检查、验收可根据实际情况增设子分部工程、子单位工程。

4.1.12 工程施工质量验收应符合下列规定：
   a) 检验批验收合格后方可对分项工程验收。
   b) 分项工程验收合格后方可对分部工程验收。
   c) 分部工程验收合格后方可对单位工程验收。

4.1.13 检验批、分项工程、分部工程、单位工程施工质量验收应符合下列规定：
   a) 检验批的检验项目符合质量标准，该检验批的质量验收合格，并签证。
   b) 分项工程所含各检验批的质量验收合格、资料齐全，该分项工程质量验收合格，并签证。
   c) 分部工程所含分项工程的质量验收合格，资料齐全并符合档案管理规定，该分部工程质量验收合格，并签证。
   d) 单位工程所含分部工程的质量验收合格，资料齐全并符合档案管理规定，该单位工程质量验收合格，并签证。

4.1.14 当工程质量出现不符合项时，施工单位应开出不符合项报告，按设计、制造、建设（或监理）单位的处理方案进行处理，并按下列规定执行：
   a) 返工或更换零部件、设备的检验项目，应重新进行验收。
   b) 经返修处理能满足设计和安全使用功能的检验项目，可按不符合项的技术处理方案验收。
   c) 无法返工或返修的不合格检验项目，应经鉴定机构或相关单位鉴定，对不影响内在质量、使用寿命、使用功能和安全运行的，可作让步处理。经让步处理的项目不再进行二次验收，但应在"验收结论"栏内注明"让步接收"及其不符合项报告编号。
   注："让步接收"等同合格。

4.1.15 检验批、分项工程施工质量有下列情况之一者不应验收：
   a) 检验项目的检验结果未达到质量标准或不符合项未关闭。
   b) 设计及制造单位对质量标准有数据要求时，检验结果栏中未填写实测数据。
   c) 质量验收文件不符合档案管理规定。

4.1.16 检验批、分项工程、分部工程、单位工程质量验收文件应做到数据准确，文件收集完整、齐全，签字手续齐备，文件制成材料与字迹符合耐久性保存要求，符合 NB/T 20122 和档案管理规定。

## 4.2 施工质量验收范围划分

质量验收应按检验批、分项工程、分部工程及单位工程进行施工质量验收范围划分，应符合表 1 的规定。

注：检验批与质量计划的工序对应，因内容繁多、可变性大，故检验批不在表 1 中体现。

表 1　施工质量验收范围划分表

| 工程项目 | | | | 工程名称 | 验收单位 | | | | | 质量验收表编号 |
|---|---|---|---|---|---|---|---|---|---|---|
| 单位工程 | 分部工程 | 子分部工程 | 分项工程 | | 施工单位 | 制造单位 | 设计单位 | 监理单位 | 建设单位 | |
| 一、单项工程：常规岛安装工程（保温及油漆部分） | | | | | | | | | | |
| 01 | 01 | 01 | | 汽轮机及辅助系统 | √ | | √ | √ | √ | |
| | | | | 汽轮机蒸汽和疏水系统 | √ | | | √ | | |
| | | | | 油漆 | | | | | | |
| | | | 01 | 油漆 | √ | | | √ | | 表2 |
| | | 02 | | 保温 | | | | | | |
| | | | 01 | 保温 | √ | | | √ | | 表3、表4 |
| | 02 | 01 | | 汽轮机润滑、顶轴和盘车系统 | √ | | | √ | | |
| | | | | 油漆 | | | | | | |
| | | | 01 | 油漆 | √ | | | √ | | 表2 |
| | 03 | 01 | | 汽轮机润滑油处理系统 | √ | | | √ | | |
| | | | | 油漆 | | | | | | |
| | | | 01 | 油漆 | √ | | | √ | | 表2 |
| | 04 | 01 | | 润滑油传输系统 | √ | | | √ | | |
| | | | | 油漆 | | | | | | |
| | | | 01 | 油漆 | √ | | | √ | | 表2 |
| | 05 | 01 | | 汽轮机调节油系统 | √ | | | √ | | |
| | | | | 油漆 | | | | | | |
| | | | 01 | 油漆 | √ | | | √ | | 表2 |
| | 06 | 01 | | 汽轮机保护系统 | √ | | | √ | | |
| | | | | 油漆 | | | | | | |
| | | | 01 | 油漆 | √ | | | √ | | 表2 |
| | | 02 | | 保温 | | | | | | |
| | | | 01 | 保温 | √ | | | √ | | 表3～表8 |
| | 07 | 01 | | 汽轮机调节系统 | √ | | | √ | | |
| | | | | 油漆 | | | | | | |
| | | | 01 | 油漆 | √ | | | √ | | 表2 |
| | | 02 | | 保温 | | | | | | |
| | | | 01 | 保温 | √ | | | √ | | 表3～表8 |
| | 08 | 01 | | 汽轮机和给水加热装置停运期间的保养系统 | √ | | | √ | | |
| | | | | 油漆 | | | | | | |
| | | | 01 | 油漆 | √ | | | √ | | 表2 |
| | 09 | 01 | | 汽轮机轴封系统 | √ | | | √ | | |
| | | | | 油漆 | | | | | | |

表1（续）

| 单位工程 | 分部工程 | 子分部工程 | 分项工程 | 工程名称 | 施工单位 | 制造单位 | 设计单位 | 监理单位 | 建设单位 | 质量验收表编号 |
|---|---|---|---|---|---|---|---|---|---|---|
| 01 | 09 |  | 01 | 油漆 | √ |  |  | √ |  | 表2 |
|  |  | 02 |  | 保温 |  |  |  |  |  |  |
|  |  |  | 01 | 保温 | √ |  |  | √ |  | 表3～表8 |
| 02 |  |  |  | 发电机及辅助系统 | √ |  | √ | √ | √ |  |
|  | 01 |  |  | 发电机密封油系统 | √ |  |  | √ |  |  |
|  |  | 01 |  | 油漆 |  |  |  |  |  |  |
|  |  |  | 01 | 油漆 | √ |  |  | √ |  | 表2 |
|  | 02 |  |  | 发电机氢气冷却系统 | √ |  |  | √ |  |  |
|  |  | 01 |  | 油漆 |  |  |  |  |  |  |
|  |  |  | 01 | 油漆 | √ |  |  | √ |  | 表2 |
|  | 03 |  |  | 发电机氢气供应系统 | √ |  |  | √ |  |  |
|  |  | 01 |  | 油漆 |  |  |  |  |  |  |
|  |  |  | 01 | 油漆 | √ |  |  | √ |  | 表2 |
|  | 04 |  |  | 发电机定子冷却水系统 | √ |  |  | √ |  |  |
|  |  | 01 |  | 油漆 |  |  |  |  |  |  |
|  |  |  | 01 | 油漆 | √ |  |  | √ |  | 表2 |
| 03 |  |  |  | 凝结水相关系统 | √ |  | √ | √ | √ |  |
|  | 01 |  |  | 凝结水抽取系统 | √ |  |  | √ |  |  |
|  |  | 01 |  | 油漆 |  |  |  |  |  |  |
|  |  |  | 01 | 油漆 | √ |  |  | √ |  | 表2 |
|  |  | 02 |  | 保温 |  |  |  |  |  |  |
|  |  |  | 01 | 保温 | √ |  |  | √ |  | 表3、表5～表8 |
|  | 02 |  |  | 凝结水净化处理系统 | √ |  |  | √ |  |  |
|  |  | 01 |  | 油漆 |  |  |  |  |  |  |
|  |  |  | 01 | 油漆 | √ |  |  | √ |  | 表2 |
|  | 03 |  |  | 循环水系统 | √ |  |  | √ |  |  |
|  |  | 01 |  | 油漆 |  |  |  |  |  |  |
|  |  |  | 01 | 油漆 | √ |  |  | √ |  | 表2 |
| 04 |  |  |  | 给水及回热系统 | √ |  | √ | √ | √ |  |
|  | 01 |  |  | 给水除氧器系统 | √ |  |  | √ |  |  |
|  |  | 01 |  | 油漆 |  |  |  |  |  |  |
|  |  |  | 01 | 油漆 | √ |  |  | √ |  | 表2 |
|  |  | 02 |  | 保温 |  |  |  |  |  |  |
|  |  |  | 01 | 保温 | √ |  |  | √ |  | 表3、表5～表8 |

表1（续）

| 工程项目 | | | | 工程名称 | 验收单位 | | | | | 质量验收表编号 |
|---|---|---|---|---|---|---|---|---|---|---|
| 单位工程 | 分部工程 | 子分部工程 | 分项工程 | | 施工单位 | 制造单位 | 设计单位 | 监理单位 | 建设单位 | |
| | | | | 低压给水加热器系统 | √ | | | √ | | |
| | 02 | 01 | | 油漆 | | | | | | |
| | | | 01 | 油漆 | √ | | | √ | | 表2 |
| | | 02 | | 保温 | | | | | | |
| | | | 01 | 保温 | √ | | | √ | | 表3、表5～表8 |
| | 03 | | | 高压给水加热器系统 | √ | | | √ | | |
| | | 01 | | 油漆 | | | | | | |
| | | | 01 | 油漆 | √ | | | √ | | 表2 |
| | | 02 | | 保温 | | | | | | |
| | | | 01 | 保温 | √ | | | √ | | 表3、表5～表8 |
| | 04 | | | 给水加热器疏水回收系统 | √ | | | √ | | |
| | | 01 | | 油漆 | | | | | | |
| | | | 01 | 油漆 | √ | | | √ | | 表2 |
| | | 02 | | 保温 | | | | | | |
| | | | 01 | 保温 | √ | | | √ | | 表3、表5～表8 |
| 04 | 05 | | | 电动主给水泵系统 | √ | | | √ | | |
| | | 01 | | 油漆 | | | | | | |
| | | | 01 | 油漆 | √ | | | √ | | 表2 |
| | | 02 | | 保温 | | | | | | |
| | | | 01 | 保温 | √ | | | √ | | 表3、表5～表8 |
| | 06 | | | 主给水流量控制系统 | √ | | | √ | | |
| | | 01 | | 油漆 | | | | | | |
| | | | 01 | 油漆 | √ | | | √ | | 表2 |
| | | 02 | | 保温 | | | | | | |
| | | | 01 | 保温 | √ | | | √ | | 表3、表5～表8 |
| | 07 | | | 辅助给水系统 | √ | | | √ | | |
| | | 01 | | 油漆 | | | | | | |
| | | | 01 | 油漆 | √ | | | √ | | 表2 |
| | | 02 | | 保温 | | | | | | |
| | | | 01 | 保温 | √ | | | √ | | 表3、表5～表8 |
| | 08 | | | 蒸汽发生器排污系统 | √ | | | √ | | |

表1（续）

| 工程项目 | | | | 工程名称 | 验收单位 | | | | | 质量验收表编号 |
|---|---|---|---|---|---|---|---|---|---|---|
| 单位工程 | 分部工程 | 子分部工程 | 分项工程 | | 施工单位 | 制造单位 | 设计单位 | 监理单位 | 建设单位 | |
| 04 | 08 | 01 | | 油漆 | | | | | | |
| | | | 01 | 油漆 | √ | | | √ | | 表2 |
| | | 02 | | 保温 | | | | | | |
| | | | 01 | 保温 | √ | | | √ | | 表3、表5～表8 |
| | 09 | | | 给水化学取样系统 | √ | | | √ | | |
| | | 01 | | 保温 | | | | | | |
| | | | 01 | 保温 | √ | | | √ | | 表3、表5～表8 |
| 05 | | | | 蒸汽系统 | √ | | √ | √ | √ | |
| | 01 | | | 主蒸汽系统 | √ | | | √ | | |
| | | 01 | | 油漆 | | | | | | |
| | | | 01 | 油漆 | √ | | | √ | | 表2 |
| | | 02 | | 保温 | | | | | | |
| | | | 01 | 保温 | √ | | | √ | | 表3、表5～表8 |
| | 02 | | | 汽水分离再热器系统 | √ | | | √ | | |
| | | 01 | | 油漆 | | | | | | |
| | | | 01 | 油漆 | √ | | | √ | | 表2 |
| | | 02 | | 保温 | | | | | | |
| | | | 01 | 保温 | √ | | | √ | | 表3、表5～表8 |
| | 03 | | | 汽轮机旁路系统 | √ | | | √ | | |
| | | 01 | | 油漆 | | | | | | |
| | | | 01 | 油漆 | √ | | | √ | | 表2 |
| | | 02 | | 保温 | | | | | | |
| | | | 01 | 保温 | √ | | | √ | | 表3、表5～表8 |
| | 04 | | | 辅助蒸汽分配系统 | √ | | | √ | | |
| | | 01 | | 油漆 | | | | | | |
| | | | 01 | 油漆 | √ | | | √ | | 表2 |
| | | 02 | | 保温 | | | | | | |
| | | | 01 | 保温 | √ | | | √ | | 表3、表5～表8 |
| | 05 | | | 蒸汽转换器系统 | √ | | | √ | | |
| | | 01 | | 油漆 | | | | | | |
| | | | 01 | 油漆 | √ | | | √ | | 表2 |

表1（续）

| 工程项目 | | | | 工程名称 | 验收单位 | | | | | 质量验收表编号 |
|---|---|---|---|---|---|---|---|---|---|---|
| 单位工程 | 分部工程 | 子分部工程 | 分项工程 | | 施工单位 | 制造单位 | 设计单位 | 监理单位 | 建设单位 | |
| 05 | 05 | 02 | | 保温 | | | | | | |
| | | | 01 | 保温 | √ | | | √ | | 表3、表5～表8 |
| 06 | | | | 公用系统 | √ | | √ | √ | √ | |
| | 01 | | | 辅助冷却水系统 | √ | | | √ | | |
| | | 01 | | 油漆 | | | | | | |
| | | | 01 | 油漆 | √ | | | √ | | 表2 |
| | 02 | | | 闭路冷却水系统 | √ | | | √ | | |
| | | 01 | | 油漆 | | | | | | |
| | | | 01 | 油漆 | √ | | | √ | | 表2 |
| | 03 | | | 电站污水系统 | √ | | | √ | | |
| | | 01 | | 油漆 | | | | | | |
| | | | 01 | 油漆 | √ | | | √ | | 表2 |
| | 04 | | | 废液收集系统 | √ | | | √ | | |
| | | 01 | | 油漆 | | | | | | |
| | | | 01 | 油漆 | √ | | | √ | | 表2 |
| | 05 | | | 废油和非放射性水排放系统 | √ | | | √ | | |
| | | 01 | | 油漆 | | | | | | |
| | | | 01 | 油漆 | √ | | | √ | | 表2 |
| | 06 | | | 饮用水系统 | √ | | | √ | | |
| | | 01 | | 油漆 | | | | | | |
| | | | 01 | 油漆 | √ | | | √ | | 表2 |
| | 07 | | | 公用压缩空气分配系统 | √ | | | √ | | |
| | | 01 | | 油漆 | | | | | | |
| | | | 01 | 油漆 | √ | | | √ | | 表2 |
| | 08 | | | 热水生产及分配系统 | √ | | | √ | | |
| | | 01 | | 油漆 | | | | | | |
| | | | 01 | 油漆 | √ | | | √ | | 表2 |
| | | 02 | | 保温 | | | | | | |
| | | | 01 | 保温 | √ | | | √ | | 表3、表5～表8 |
| 07 | | | | 消防系统 | √ | | √ | √ | √ | |
| | 01 | | | 消防水分配系统 | √ | | | √ | | |
| | | 01 | | 油漆 | | | | | | |
| | | | 01 | 油漆 | √ | | | √ | | 表2 |
| | 02 | | | 汽轮机油箱消防系统 | √ | | | √ | | |

表1（续）

| 工程项目 | | | | 工程名称 | 验收单位 | | | | | 质量验收表编号 |
|---|---|---|---|---|---|---|---|---|---|---|
| 单位工程 | 分部工程 | 子分部工程 | 分项工程 | | 施工单位 | 制造单位 | 设计单位 | 监理单位 | 建设单位 | |
| 07 | 02 | 01 | | 油漆 | | | | | | |
| | | | 01 | 油漆 | √ | | | √ | | 表2 |
| | 03 | | | 变压器灭火系统 | √ | | | √ | | |
| | | 01 | | 油漆 | | | | | | |
| | | | 01 | 油漆 | √ | | | √ | | 表2 |
| 08 | | | | 厂房通风空调 | √ | | √ | √ | √ | |
| | 01 | | | 汽轮机厂房通风系统 | √ | | | √ | | |
| | | 01 | | 油漆 | | | | | | |
| | | | 01 | 油漆 | √ | | | √ | | 表2 |
| | | 02 | | 保温 | | | | | | |
| | | | 01 | 保温 | √ | | | √ | | 表3、表5～表8 |
| 09 | | | | 主变压器及接地系统 | √ | | √ | √ | √ | |
| | 01 | | | 主变压器和降压变压器 | √ | | | √ | | |
| | | 01 | | 油漆 | | | | | | |
| | | | 01 | 油漆 | √ | | | √ | | 表2 |

二、单项工程：辅助配套设施安装工程（保温及油漆部分）

| 工程项目 | | | | 工程名称 | 验收单位 | | | | | 质量验收表编号 |
|---|---|---|---|---|---|---|---|---|---|---|
| 单位工程 | 分部工程 | 子分部工程 | 分项工程 | | 施工单位 | 制造单位 | 设计单位 | 监理单位 | 建设单位 | |
| 01 | | | | 循环水系统 | √ | | √ | √ | √ | |
| | 01 | | | 循环水过滤系统 | √ | | | √ | | |
| | | 01 | | 油漆 | | | | | | |
| | | | 01 | 油漆 | √ | | | √ | | 表2 |
| | 02 | | | 循环水系统 | √ | | | √ | | |
| | | 01 | | 油漆 | | | | | | |
| | | | 01 | 油漆 | √ | | | √ | | 表2 |
| | 03 | | | 循环水润滑系统 | √ | | | √ | | |
| | | 01 | | 油漆 | | | | | | |
| | | | 01 | 油漆 | √ | | | √ | | 表2 |
| | 04 | | | 循环水处理系统 | √ | | | √ | | |
| | | 01 | | 油漆 | | | | | | |
| | | | 01 | 油漆 | √ | | | √ | | 表2 |
| 02 | | | | 除盐水生产及分配系统 | √ | | √ | √ | √ | |
| | 01 | | | 生水系统 | √ | | | √ | | |
| | | 01 | | 油漆 | | | | | | |
| | | | 01 | 油漆 | √ | | | √ | | 表2 |
| | | 02 | | 除盐水生产系统 | √ | | | √ | | |

表1（续）

| 工程项目 | | | | 工程名称 | 验收单位 | | | | | 质量验收表编号 |
|---|---|---|---|---|---|---|---|---|---|---|
| 单位工程 | 分部工程 | 子分部工程 | 分项工程 | | 施工单位 | 制造单位 | 设计单位 | 监理单位 | 建设单位 | |
| | 02 | 01 | | 油漆 | | | | | | |
| | | | 01 | 油漆 | √ | | | √ | | 表2 |
| | | 03 | | 常规岛除盐水分配系统 | √ | | | √ | | |
| | | 01 | | 油漆 | | | | | | |
| | | | 01 | 油漆 | √ | | | √ | | 表2 |
| | | 02 | | 保温 | | | | | | |
| | | | 01 | 保温 | √ | | | √ | | 表3、表5～表9 |
| 02 | | 04 | | 核岛除盐水分配系统 | √ | | | √ | | |
| | | 01 | | 油漆 | | | | | | |
| | | | 01 | 油漆 | √ | | | √ | | 表2 |
| | | 02 | | 保温 | | | | | | |
| | | | 01 | 保温 | √ | | | √ | | 表3、表5～表9 |
| | | 05 | | 饮用水系统 | √ | | | √ | | |
| | | 01 | | 油漆 | | | | | | |
| | | | 01 | 油漆 | √ | | | √ | | 表2 |
| | | | | 海水淡化系统 | √ | | √ | √ | √ | |
| 03 | 01 | | | 海水淡化系统 | √ | | | √ | | |
| | | 01 | | 油漆 | | | | | | |
| | | | 01 | 油漆 | √ | | | √ | | 表2 |
| | | 02 | | 保温 | | | | | | |
| | | | 01 | 保温 | √ | | | √ | | 表3、表5～表9 |
| | | | | 厂用气体生产、储存及分配系统 | √ | | √ | √ | √ | |
| | 01 | | | 压缩空气生产系统 | √ | | | √ | | |
| | | 01 | 01 | 油漆 | | | | | | |
| | | | 01 | 油漆 | √ | | | √ | | 表2 |
| | 02 | | | 仪用压缩空气分配系统 | √ | | | √ | | |
| 04 | | 01 | | 油漆 | | | | | | |
| | | | 01 | 油漆 | √ | | | √ | | 表2 |
| | 03 | | | 公用压缩空气分配系统 | √ | | | √ | | |
| | | 01 | | 油漆 | | | | | | |
| | | | 01 | 油漆 | √ | | | √ | | 表2 |
| | 04 | | | 氢气生产与分配系统 | √ | | | √ | | |
| | | 01 | | 油漆 | | | | | | |

表1（续）

| 工程项目 | | | | 工程名称 | 验收单位 | | | | | 质量验收表编号 |
|---|---|---|---|---|---|---|---|---|---|---|
| 单位工程 | 分部工程 | 子分部工程 | 分项工程 | | 施工单位 | 制造单位 | 设计单位 | 监理单位 | 建设单位 | |
| | 04 | 01 | 01 | 油漆 | √ | | | √ | | 表2 |
| 04 | 05 | | | 厂用气体贮存及分配系统 | √ | | | √ | | |
| | | 01 | | 油漆 | | | | | | |
| | | | 01 | 油漆 | √ | | | √ | | 表2 |
| 05 | | | | 其他公用系统 | √ | | √ | √ | √ | |
| | 01 | | | 常规岛闭路冷却水系统 | √ | | | √ | | |
| | | 01 | | 油漆 | | | | | | |
| | | | 01 | 油漆 | √ | | | √ | | 表2 |
| | 02 | | | 辅助蒸汽分配系统 | √ | | | √ | | |
| | | 01 | | 油漆 | | | | | | |
| | | | 01 | 油漆 | √ | | | √ | | 表2 |
| | | 02 | | 保温 | | | | | | |
| | | | 01 | 保温 | √ | | | √ | | 表3、表5～表8 |
| | 03 | | | 电站污水系统 | √ | | | √ | | |
| | | 01 | | 油漆 | | | | | | |
| | | | 01 | 油漆 | √ | | | √ | | 表2 |
| | 04 | | | 常规岛废液收集系统 | √ | | | √ | | |
| | | 01 | | 油漆 | | | | | | |
| | | | 01 | 油漆 | √ | | | √ | | 表2 |
| | 05 | | | 废油和非放射性水排放系统 | √ | | | √ | | |
| | | 01 | | 油漆 | | | | | | |
| | | | 01 | 油漆 | √ | | | √ | | 表2 |
| | 06 | | | 放射性废水回收系统 | √ | | | √ | | |
| | | 01 | | 油漆 | | | | | | |
| | | | 01 | 油漆 | √ | | | √ | | 表2 |
| | 07 | | | 废液排放系统 | √ | | | √ | | |
| | | 01 | | 油漆 | | | | | | |
| | | | 01 | 油漆 | √ | | | √ | | 表2 |
| | 08 | | | 热洗衣房和清洗去污系统 | √ | | | √ | | |
| | | 01 | | 油漆 | | | | | | |
| | | | 01 | 油漆 | √ | | | √ | | 表3 |
| 06 | | | | 火警探测及消防系统 | √ | | √ | √ | √ | |
| | 01 | | | 消防水分配系统 | √ | | | √ | | |
| | | 01 | | 油漆 | | | | | | |

表 1（续）

| 单位工程 | 分部工程 | 子分部工程 | 分项工程 | 工程名称 | 施工单位 | 制造单位 | 设计单位 | 监理单位 | 建设单位 | 质量验收表编号 |
|---|---|---|---|---|---|---|---|---|---|---|
| 06 | 01 | 01 | 01 | 油漆 | √ | | | √ | | 表2 |
| | 02 | | | 变压器灭火系统 | √ | | | √ | | |
| | | 01 | | 油漆 | | | | | | |
| | | | 01 | 油漆 | √ | | | √ | | 表2 |
| | 03 | | | 厂区消防水分配系统 | √ | | | √ | | |
| | | 01 | | 油漆 | | | | | | |
| | | | 01 | 油漆 | √ | | | √ | | 表2 |
| | 04 | | | 火警探测系统 | √ | | | √ | | |
| | | 01 | | 油漆 | | | | | | |
| | | | 01 | 油漆 | √ | | | √ | | 表2 |
| 07 | 01 | | | 厂房通风空调系统 | √ | √ | √ | √ | | |
| | | | | 实验室通风系统 | √ | | | √ | | |
| | | 01 | | 油漆 | | | | | | |
| | | | 01 | 油漆 | √ | | | √ | | 表2 |
| | | 02 | | 保温 | | | | | | |
| | | | 01 | 保温 | √ | | | √ | | 表3、表5～表9 |
| | 02 | | | 热机修间通风系统 | | | | | | |
| | | 01 | | 保温 | | | | | | |
| | | | 01 | 保温 | √ | | | √ | | 表3、表5～表9 |
| | 03 | | | 保安楼厂房通风系统 | √ | | | √ | | |
| | | 01 | | 油漆 | | | | | | |
| | | | 01 | 油漆 | √ | | | √ | | 表2 |
| | | 02 | | 保温 | | | | | | |
| | | | 01 | 保温 | √ | | | √ | | 表3、表5～表9 |

| 施工单位 | （签字盖章）<br><br>年 月 日 | 监理单位 | （签字盖章）<br><br>年 月 日 | 建设单位 | （签字盖章）<br><br>年 月 日 |
|---|---|---|---|---|---|

## 4.3 施工质量验收通用表格

施工质量验收通用表格参见附录 A。

## 4.4 施工质量验收

4.4.1 油漆施工质量标准见表 2。

表 2 油 漆 施 工 质 量 标 准

| 检 验 项 目 | 单位 | 质 量 标 准 |
|---|---|---|
| 油漆材料检查 | | 材料型号、保质期等符合设计要求 |
| 金属表面清理 | | 无油污、污垢、毛刺、焊渣、飞溅物等 |
| 金属表面除锈 | | 除锈等级符合设计要求 |
| 环境温度 | | 符合设计或厂家技术要求 |
| 相对湿度 | | 符合设计或厂家技术要求 |
| 油漆配比 | | 符合设计或厂家技术要求 |
| 底漆涂装间隔时间 | h | 除锈完成至油漆涂装间隔时间不大于 4 |
| 涂层外观 | | 漆膜应光滑平整，无透底、斑迹、脱落、皱纹、流痕、浮膜、漆粒等明显缺陷 |
| 漆层间隔时间 | | 符合设计或厂家技术要求 |
| 层间接合 | | 层间接合严密、无分层现象 |
| 漆膜厚度 | μm | 符合设计或厂家技术要求 |
| 油漆颜色 | | 符合设计或厂家技术要求 |

4.4.2 固定件、支承件施工质量标准见表 3。

表 3 固定件、支承件施工质量标准

| 检 验 项 目 | | 单位 | 质 量 标 准 |
|---|---|---|---|
| 固定件 | 型号 | | 符合设计要求 |
| | 材质 | | 符合设计要求 |
| | 焊接材料 | | 符合设计要求 |
| | 布置间距 | | 间距均匀，排列整齐 |
| | 固定件焊接 | | 双面焊接，牢固可靠 |
| 保温层支承件 | 支承件材质 | | 符合设计要求 |
| | 支承件型号 | | 符合设计要求 |
| | 焊接材料 | | 符合设计要求 |
| | 承面宽度 | | 符合设计要求 |
| | 支承件间距 | | 符合设计要求 |
| | 支承件安装 | | 位置正确，牢固 |
| 保护层支承件 | 支承件材质 | | 符合设计要求 |
| | 支承件型号 | | 符合设计要求 |
| | 焊接材料 | | 符合设计要求 |
| | 承面宽度 | | 符合设计要求 |
| | 支承件布置 | | 符合设计要求 |
| | 支承件排水坡度（露天） | % | ≥3 |
| | 支承件安装 — 焊接式支承件 | | 焊接牢固，无气孔、夹渣、裂纹 |
| | 支承件安装 — 抱箍式支承件 | | 紧固牢固、无松动，介质温度大于或等于200℃或非铁素体管道设置隔垫 |

4.4.3 汽轮机本体保温施工质量标准见表4。

**表4 汽轮机本体保温施工质量标准**

| 检 验 项 目 | | | 单位 | 质 量 标 准 |
|---|---|---|---|---|
| 材料检验 | | | | 符合 GB/T 17393、NB/T 25043.8 的规定 |
| 保温层施工 | 缸体表面清理 | | | 干净，无油垢 |
| | 保温层敷设 | | | 紧贴设备表面，挤紧、贴牢，逐层错缝、压缝 |
| | 保温层固定 | | | 牢固可靠 |
| | 预留间隙 | 热工取样点、分线盒、铭牌、线缆 | | 未覆盖 |
| | | 补偿器两侧 | | 足够、方向正确 |
| | | 支吊架两侧 | | |
| | 保温层厚度 | | | 符合设计要求 |
| 铁丝网敷设 | 铁丝网铺设 | | | 紧贴保温层，铺设平整 |
| | 铁丝网固定 | | | 牢固可靠 |
| | 伸缩缝设置 | | | 铁丝网断开 |
| 保护层（抹面层） | 材料的配合比 | | | 符合材料说明书要求 |
| | 抹面层表面 | | | 平整光滑、无裂纹（发丝裂纹除外），棱角整齐，铁丝网无外露 |
| | 抹面层厚度 | | | 符合设计要求 |
| | 伸缩缝设置 | | | 按设计要求留设，方向正确 |

4.4.4 设备及管道保温层采用软质、半硬质材料施工质量标准见表5。

**表5 设备及管道保温层（软质、半硬质材料）施工质量标准**

| 检 验 项 目 | | | 单位 | 质 量 标 准 |
|---|---|---|---|---|
| 材料检验 | | | | 符合 GB/T 17393、NB/T 25043.8 的规定 |
| 保温层施工 | 保温层敷设 | 一般部位 | | 敷设严密；同层挤缝、错缝；层间压缝 |
| | | 方形设备、管道 | | 四角角缝采用封盖式搭缝，无垂直通缝 |
| | | 松散材料 | | 填充均匀密实，厚度符合设计要求 |
| | 保温层固定 | 大平面设备 | | 牢固可靠 |
| | | 管道及圆形设备 | mm | 捆扎牢固，半硬质间距不大于300，软质间距不大于200；每块保温制品上的捆扎件不少于两道，无螺旋式缠绕捆扎 |
| | | 双层或多层施工 | | 逐层捆扎 |
| | 预留间隙 | 法兰两侧 | mm | 螺母一侧留出3倍螺母厚度，另一侧留出螺栓长度加25 |
| | | 补偿器及滑动支架两侧 | | 足够、方向正确 |
| | | 膨胀方向或介质温度不同的管道之间 | | |
| | | 与墙、梁、栏杆、平台、支撑等固定构件或孔洞之间 | | |

表5（续）

| 检 验 项 目 | | 单位 | 质 量 标 准 |
|---|---|---|---|
| 保温层施工 | 拼缝宽度 | mm | ≤5 |
| | 保温层厚度 | | 符合设计要求 |
| 铁丝网敷设 | 铁丝网铺设 | | 紧贴保温层，铺设平整 |
| | 铁丝网固定 | | 牢固可靠 |
| | 伸缩缝设置 | | 铁丝网断开 |

4.4.5 设备及管道保温层采用硬质材料施工质量标准见表6。

**表6 设备及管道保温层（硬质材料）施工质量标准**

| 检 验 项 目 | | | 单位 | 质 量 标 准 |
|---|---|---|---|---|
| 材料检验 | | | | 符合 GB/T 17393、NB/T 25043.8 的规定 |
| 保温层施工 | 保温层敷设 | 干砌法 | | 拼缝严密，拼缝填塞密实 同层错缝、多层压缝 |
| | | 湿砌法 | | 拼缝严密，灰浆饱满 同层错缝、多层压缝 |
| | 保温层固定 | 固定形式及间距 | mm | 捆扎牢固，间距不大于400，每块保温制品上的捆扎件不少于两道，无螺旋式缠绕捆扎 |
| | | 双层或多层施工 | | 逐层捆扎 |
| | 预留间隙 | 法兰两侧 | mm | 螺母一侧留出3倍螺母厚度，另一侧留出螺栓长度加25 |
| | | 补偿器及滑动支架两侧 | | 足够、方向正确 |
| | | 膨胀方向或介质温度不同的管道之间 | | |
| | | 与墙、梁、栏杆、平台、支撑等固定构件或孔洞之间 | | |
| | 拼缝宽度 | | mm | ≤5 |
| | 保温层厚度 | | mm | 符合设计要求 |
| 铁丝网敷设 | 铁丝网铺设 | | | 紧贴保温层，铺设平整 |
| | 铁丝网固定 | | | 牢固可靠 |
| | 伸缩缝设置 | | | 铁丝网断开 |

4.4.6 设备及管道保温采用非金属保护层施工质量标准见表7。

**表7 设备及管道非金属保护层施工质量标准**

| 检 验 项 目 | | 单位 | 质 量 标 准 |
|---|---|---|---|
| 材料检验 | | | 符合 NB/T 25043.8 的规定 |
| 抹面层施工 | 材料的配合比 | | 符合材料说明书要求 |
| | 抹面层表面 | | 平整光滑、无裂纹（发丝裂纹除外），棱角整齐，铁丝网无外露 |
| | 抹面层厚度 | | 符合设计要求 |
| | 伸缩缝设置 | | 按设计要求留设，方向正确 |

表 7（续）

| 检 验 项 目 | | | 单位 | 质 量 标 准 |
|---|---|---|---|---|
| 铝箔、毡、布类包缠 | 保温层上施工 | | | 修饰平整，表面清理干净 |
| | 抹面层上施工 | | | 表面干燥后 |
| | 铝箔、毡、布类包缠 | | | 层层压缝，端部可靠固定 |
| 玻璃钢阀门罩壳安装 | 罩壳厚度 | 200≤DN＜350 | mm | ≥2 |
| | | 350≤DN＜800 | mm | ≥3 |
| | | DN≥800 | mm | ≥5 |
| | 罩壳安装 | | mm | 固定牢固，螺栓方向及露出丝扣长度一致，与管道搭接严密 |

4.4.7 设备及管道保温采用金属保护层施工质量标准见表8。

表 8 设备及管道金属保护层施工质量标准

| 检 验 项 目 | | | 单位 | 质 量 标 准 |
|---|---|---|---|---|
| 材料检验 | | | | 符合 NB/T 25043.8 的规定 |
| 金属保护层施工 | 金属保护层就位 | | | 紧贴保温层，接缝严密、无翘边 |
| | 金属保护层搭接 | | | 以上搭下，顺水搭接 |
| | 搭接尺寸 | | mm | ≥50，压型板横向至少一个波节 |
| | 金属保护层固定 | | | 牢固可靠，间距均匀，整体美观 |
| | 压型板垂直度偏差 | | mm | ≤15 |
| | 伸缩缝设置 | | | 采用滑动连接，方向正确，满足膨胀要求 |
| | 管道滑动连接 | 接口间距 | m | 4～6 |
| | | 搭接尺寸 | mm | 75～120 |
| | 弯头与直管滑动连接搭接尺寸 | | mm | 100～150 |
| | 可拆卸结构 | | | 设置合理，拆卸方便 |

4.4.8 地沟内或室外明设有防潮要求的保温设备及管道施工质量标准见表9。

表 9 设备及管道防潮层施工质量标准

| 检 验 项 目 | | 单位 | 质 量 标 准 |
|---|---|---|---|
| 材料检验 | | | 符合 NB/T 25043.8 的规定 |
| 防潮层施工 | 防潮层结构 | | 符合设计要求 |
| | 防潮层敷设 | | 紧密贴合在保温层上，封闭良好 |
| | 防潮层表面质量 | | 无翘口、脱层、开裂、气泡或褶皱 |
| | 防潮层厚度 | | 符合设计要求 |

附　录　A

（资料性附录）

施工质量验收通用表格

## A.1 质量计划和质量记录表

施工质量验收应运用质量计划和质量记录表进行控制。施工质量计划和质量记录见表 A.1 和表 A.2。

### 表 A.1　施　工　质　量　计　划

质量计划编号：　　　　　　　　　　　　　　　质量计划名称：

| 机组： | 区域： | 分部工程（系统）： | | 设备编码： | | | | | 版次： | 页码：第　页，共　页 |
|---|---|---|---|---|---|---|---|---|---|---|
| 工序号 | 工序内容 | 适用文件 | 记录表编号 | 班组 | 控制点检查 | | | | | NCR/备注 |
| | | | | | 施工单位 | | 制造单位 | | 建设（或监理）单位 | |
| | | | | | W/H设点 | 签字/日期 | W/H设点 | 签字/日期 | W/H设点 | 签字/日期 | |
| | | | | | | | | | | | |
| | | | | | | | | | | | |
| | | | | | | | | | | | |
| | | | | | | | | | | | |
| | | | | | | | | | | | |
| | | | | | | | | | | | |
| | | | | | | | | | | | |
| | | | | | | | | | | | |
| | | | | | | | | | | | |
| | | | | | | | | | | | |
| | | | | | | | | | | | |
| | | | | | | | | | | | |
| | | | | | | | | | | | |
| | | | | | | | | | | | |
| | | | | | | | | | | | |
| | | | | | | | | | | | |
| | | | | | | | | | | | |
| | | | | | | | | | | | |
| | | | | | | | | | | | |
| | | | | | | | | | | | |
| | | | | | | | | | | | |
| | | | | | | | | | | | |
| | | | | | | | | | | | |
| 注：W 为见证点（WITNESS POINT），H 为停工待检点（HOLD POINT），班组指施工班组。 | | | | | | | | | | |

表 A.2 施 工 质 量 记 录

| 机组 | | | 版次 | | 记录表编号 | | |
|---|---|---|---|---|---|---|---|
| 分部工程（系统） | | | | | 页码 | 第 页，共 页 | |
| 质量计划编号 | | | 质量计划名称 | | | | |
| 区域 | | 设备编号 | | 施工文件 | | | |
| 工序号 | | | 检查内容 | | | | |
| 检验项目 | | 质量标准 | | 实测数据 | 检测工具 | 是否合格 | 班组 |
| | | | | | | | |
| | | | | | | | |
| | | | | | | | |
| | | | | | | | |
| | | | | | | | |
| | | | | | | | |
| | | | | | | | |
| | | | | | | | |
| | | | | | | | |
| | | | | | | | |
| | | | | | | | |
| | | | | | | | |
| | | | | | | | |
| | | | | | | | |
| | | | | | | | |
| | | | | | | | |

备注：

| 施工单位 | 制造单位 | 建设（或监理）单位 |
|---|---|---|
| 签名： | 签名： | 签名： |
| 日期： | 日期： | 日期： |

## A.2 不符合项报告

当工程出现不符合项时，其不符合项报告见表 A.3。

### 表 A.3 不 符 合 项 报 告

| 项目： | 不符合项报告 | | 编号： | | |
|---|---|---|---|---|---|
| | 文件传递编号： | | 版次： | 分类： | |
| 发生日期： | 机组： | | 专业： | 厂房/区域：　　　/ | |
| 箱号： | 设备编号： | | 缺陷部件数量： | 供应商： | |
| 标题： | | | | | |
| 涉及图纸文件： | | | 责任方：<br>供应商□　　安装商□<br>运输商□　　其他□ | | |
| 不符合项描述和原因分析： | | | | | |
| 临时措施：□隔离　□标识　□停工　□工作限制　　□其他 | | | 施工单位 | | |
| | | | 日期： | | |
| 建议的处理措施： | | | 起草： | | |
| | | | 审核： | | |
| | | | 批准： | | |
| | | | 附件：□ | | |
| 建设（或监理）单位确认 | 文件传递编号： | | 日期： | | |
| □原样使用 □返厂修复 □现场修复 □报废更换 | | | 起草： | | |
| 结论：同意□　升版□　取消□　　责任方： | | | 审核： | | |
| | | | 批准： | | |
| | | | 附件：□ | | |
| 关闭 | 施工单位<br>签字：<br><br>日期： | 制造单位<br>签字：<br><br>日期： | 建设（或监理）单位<br>签字：<br><br>日期： | | |
| 注：利用附件完成与设计单位、制造单位之间的拟定方案的意见交流。 | | | | | |

## A.3 分部工程（系统）施工质量验收

分部工程（系统）施工质量验收见表 A.4～表 A.12。

**表 A.4 （ ）分部工程施工质量验收**

| 机组： | | 单位工程： | |
|---|---|---|---|
| 序号 | 分项工程 | 验收结果 | 备注 |
| | | | |
| | | | |
| | | | |
| | | | |
| | | | |
| 验收结论： | | | |

| 施工单位 | 制造单位 | 建设（或监理）单位 |
|---|---|---|
| 签字： | 签字： | 签字： |
| 日期： | 日期： | 日期： |

**表 A.5 （ ）分部工程质量控制文件核查**

| 机组： | | 单位工程： | | | |
|---|---|---|---|---|---|
| 序号 | 资料名称 | 应有份数 | 实有份数 | 核查结果 | 备注 |
| 1 | 工作文件清单（设计/制造单位） | | | | |
| 2 | 工作文件清单（施工单位） | | | | |
| 3 | 不符合项报告清单 | | | | |
| 4 | 变更文件清单 | | | | |
| 5 | 设备介入通知清单 | | | | |
| 6 | 制造竣工报告/证书清单 | | | | |
| 7 | 设备材料维护报告/维护证书 | | | | |
| 8 | | | | | |
| 9 | | | | | |
| 10 | | | | | |

| 施工单位 | 制造单位 | 建设（或监理）单位 |
|---|---|---|
| 签字： | 签字： | 签字： |
| 日期： | 日期： | 日期： |

表 A.6 （        ）分部工程工作文件清单（设计/制造单位）

| 机组： | 单位工程： | | | | |
|---|---|---|---|---|---|
| 序号 | 文件编码 | 文件名称 | 版次 | 状态 | 备注 |
| | | | | | |
| | | | | | |
| | | | | | |
| | | | | | |
| | | | | | |
| | | | | | |
| | | | | | |
| | | | | | |
| | | | | | |
| | | | | | |
| | | | | | |
| | | | | | |
| | | | | | |
| | | | | | |
| | | | | | |
| | | | | | |
| | | | | | |
| | | | | | |
| | | | | | |
| | | | | | |

表 A.7 （        ）分部工程工作文件清单（施工单位）

| 机组： | 单位工程： | | | | |
|---|---|---|---|---|---|
| 序号 | 文件编码 | 文件名称 | 版次 | 状态 | 备注 |
| | | | | | |
| | | | | | |
| | | | | | |
| | | | | | |
| | | | | | |
| | | | | | |
| | | | | | |
| | | | | | |
| | | | | | |
| | | | | | |
| | | | | | |
| | | | | | |
| | | | | | |
| | | | | | |
| | | | | | |
| | | | | | |
| | | | | | |
| | | | | | |

表 A.8 （　　　）分部工程不符合项报告清单

| 机组： | | 单位工程： | | | |
|---|---|---|---|---|---|
| 序号 | 不符合项编号 | 名　　　称 | 版次 | 执行情况 | 备注 |
| | | | | | |
| | | | | | |
| | | | | | |
| | | | | | |
| | | | | | |
| | | | | | |
| | | | | | |
| | | | | | |
| | | | | | |
| | | | | | |
| | | | | | |
| | | | | | |
| | | | | | |
| | | | | | |
| | | | | | |

表 A.9 （　　　）分部工程变更文件清单

| 机组： | | 单位工程： | | | | |
|---|---|---|---|---|---|---|
| 序号 | 变更编号 | 名　　　称 | 版次 | 执行情况 | 关联图号 | 备注 |
| | | | | | | |
| | | | | | | |
| | | | | | | |
| | | | | | | |
| | | | | | | |
| | | | | | | |
| | | | | | | |
| | | | | | | |
| | | | | | | |
| | | | | | | |
| | | | | | | |
| | | | | | | |
| | | | | | | |
| | | | | | | |
| | | | | | | |
| | | | | | | |
| | | | | | | |
| | | | | | | |

表 A.10 （　　　　）分部工程设备介入通知清单

| 机组： | | 单位工程： | | | | |
|---|---|---|---|---|---|---|
| 序号 | 通知编号 | 名　　　称 | 版次 | 执行情况 | 关联图号 | 备注 |
| | | | | | | |
| | | | | | | |
| | | | | | | |
| | | | | | | |
| | | | | | | |
| | | | | | | |
| | | | | | | |
| | | | | | | |
| | | | | | | |
| | | | | | | |
| | | | | | | |
| | | | | | | |
| | | | | | | |
| | | | | | | |
| | | | | | | |
| | | | | | | |
| | | | | | | |
| | | | | | | |

表 A.11 （　　　　）分部工程制造竣工报告/证书清单

| 机组： | | 单位工程： | |
|---|---|---|---|
| 序号 | 制造竣工报告/证书名称 | 页数 | 备注 |
| | | | |
| | | | |
| | | | |
| | | | |
| | | | |
| | | | |
| | | | |
| | | | |
| | | | |
| | | | |
| | | | |
| | | | |
| | | | |
| | | | |
| | | | |
| | | | |
| | | | |
| | | | |
| | | | |

表 A.12 （　　　）分部工程设备材料维护报告/维护证书

| 机组： | | 单位工程： | |
|---|---|---|---|
| 序号 | 维护报告/证书名称 | | 备注 |
|  |  | |  |
|  |  | |  |
|  |  | |  |
|  |  | |  |
|  |  | |  |
|  |  | |  |
|  |  | |  |
|  |  | |  |
|  |  | |  |
|  |  | |  |

## A.4 单位工程施工质量验收

单位工程施工质量验收见表 A.13。

表 A.13 （　　　）单位工程施工质量验收

| 机组： | | 工程名称： | | | |
|---|---|---|---|---|---|
| 建设单位 | | 建设单位项目经理 | | | |
| 监理单位 | | 监理单位项目总监 | | | |
| 施工单位 | | 施工单位项目经理 | | 施工单位项目技术负责人 | |
| 设计单位 | | 设计单位项目设总 | | | |
| 序号 | 分部工程 | | 验收结果 | | 备注 |
|  |  | |  | |  |
|  |  | |  | |  |
|  |  | |  | |  |
|  |  | |  | |  |
|  |  | |  | |  |
|  |  | |  | |  |

| 验收结论： | | | |
|---|---|---|---|
| 施工单位 | 设计单位 | 监理单位 | 建设单位 |
| 签字： | 签字： | 签字： | 签字： |
| 日期： | 日期： | 日期： | 日期： |

中 华 人 民 共 和 国

能 源 行 业 标 准

**核电厂常规岛及辅助配套设施建设施工质量验收规程**

**第 8 部分：保温及油漆**

NB / T 25044.8 — 2016

\*

中国电力出版社出版、发行

（北京市东城区北京站西街 19 号　100005　http://www.cepp.sgcc.com.cn）

北京传奇佳彩印刷有限公司印刷

\*

2017 年 3 月第一版　　2017 年 3 月北京第一次印刷

880 毫米×1230 毫米　16 开本　1.75 印张　47 千字

印数 001—200 册

\*

统一书号 155123·3439　定价 **15.00** 元

**版 权 专 有　侵 权 必 究**

中国电力出版社官方微信　　掌上电力书屋

155123.3439